まもりたい、この小さな命

動物保護団体アークの物語

原田京子・写真
高橋うらら・文

集英社みらい文庫

もくじ

第《だい》一章《しょう》　見《み》捨《す》てられたペットたち

この犬《いぬ》は、五匹《ひき》の子《こ》どものお母《かあ》さん。
ある日《ひ》、子犬《こいぬ》たちといっしょに、
住宅地《じゅうたくち》に置《お》きざりにされました。
お母《かあ》さん犬《いぬ》は、子犬《こいぬ》たちにおっぱいを与《あた》えながら、
悲《かな》しみました。

「どうしてあの人《ひと》は、わたしたちを捨《す》てたの？
子《こ》どもたちが、迷惑《めいわく》だったから？
わたしが何《なに》か、きらわれるようなことをしたのかしら？」

この子犬《こいぬ》は、またちがう街《まち》で暮《く》らしていた犬《いぬ》です。
お母《かあ》さんやきょうだいといっしょに、
のら犬《いぬ》として生《い》きていました。
食《た》べ物《もの》を探《さが》してうろつくと、
人間《にんげん》たちに、追《お》いはらわれました。

「キャンキャン！　人間《にんげん》てこわい！」

この子《こ》ネコは、生《う》まれてまだ
二週間《しゅうかん》の赤《あか》ちゃんだったころ、
一匹《ぴき》だけ段《だん》ボール箱《ばこ》に入《い》れられ、
マンションの前《まえ》に捨《す》てられました。

「ミャア、ミャア……。お母《かあ》さんはどこ?
お兄《にい》ちゃんや、お姉《ねえ》ちゃんはどこ?」

いろいろな理由《りゆう》で、行《い》く場所《ばしょ》をなくしてしまった
犬《いぬ》やネコは、たくさんいます。

でも、そんな彼《かれ》らに、声《こえ》をかけた人《ひと》たちがいました。

「かわいそうに。いっしょにおいで！　こわくないから」

「……あなたは、だあれ？　本当《ほんとう》に、ついていって、いいの？」

だっこされて車《くるま》にのります。
なだらかな丘《おか》を、のぼっていきます。
すぐそばを、小川《おがわ》が流《なが》れています。
やがて、三角屋根《さんかくやね》の建物《たてもの》が見《み》えてきました。
いったいここで、だれが待《ま》っているのでしょう?

ARK

第二章《だいにしょう》　やさしい人《ひと》たちの所《ところ》へ

橋《はし》のむこうには、たくさんの犬《いぬ》やネコがいました。

「しばらく、ここで暮《く》らしてね！」

いったい、ここはどこ？

みんな、不安《ふあん》で胸《むね》がドキドキしています。

「やあ、こんにちは」
話《はな》しかけてくる
犬《いぬ》がいます。

「おや、あなた、
見《み》かけない顔《かお》だね」
こっちを、じろりと見《み》ている
ネコもいます。

ほかの動物《どうぶつ》も、いました。
ウサギ、ヤギ、アヒル。

キツネに……、
おっとそれからカエルさんまで！

「さあ、どうぞ。おなかが、すいているでしょう」

目《め》の前《まえ》に、ごちそうが、さしだされました。

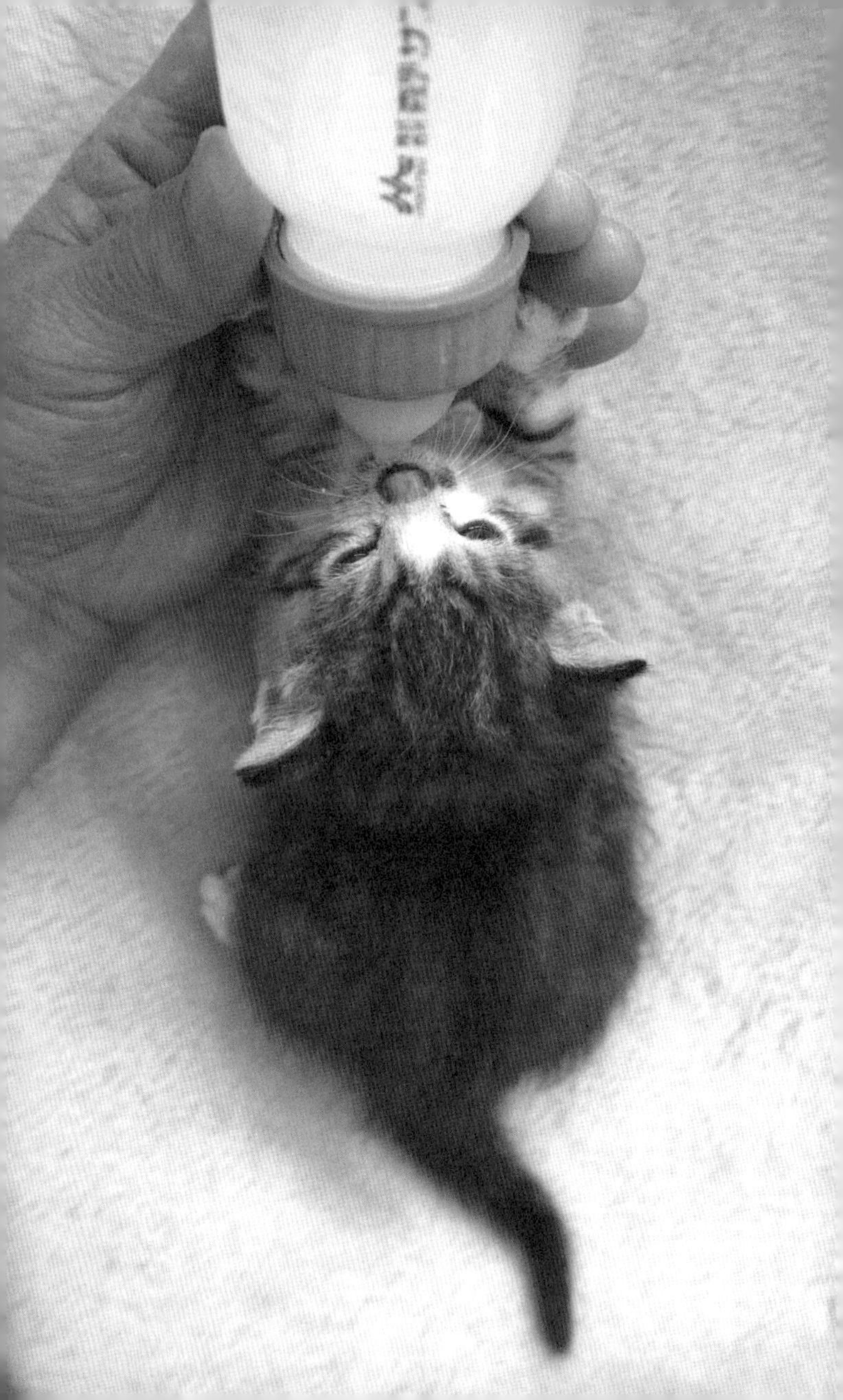

DIET PRO

おいしいご飯《はん》は、ひさしぶり！

健康診断《けんこうしんだん》や、
予防接種《よぼうせっしゅ》も受《う》けました。
よごれた体《からだ》を、
ごしごしシャンプー。

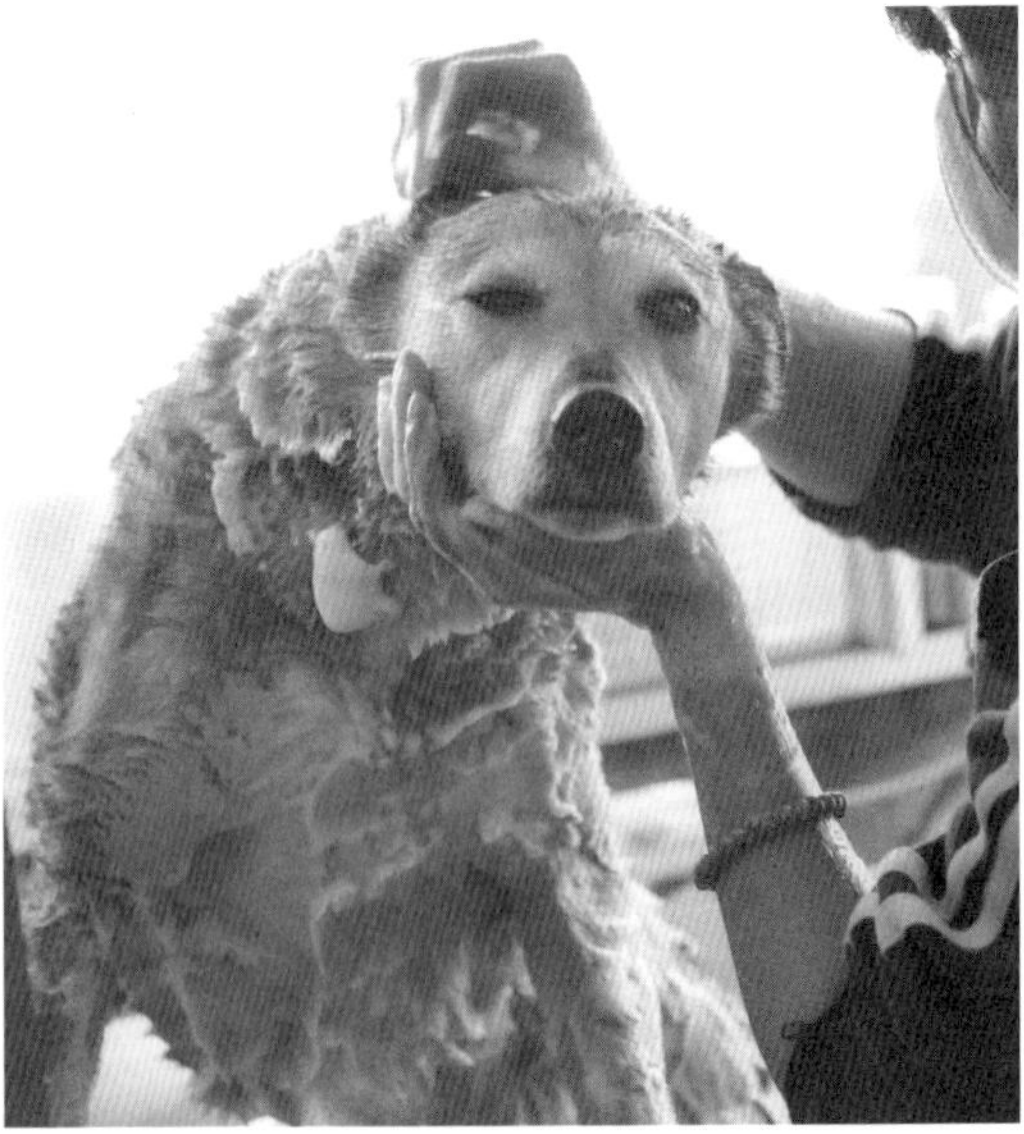

ほおーっ。

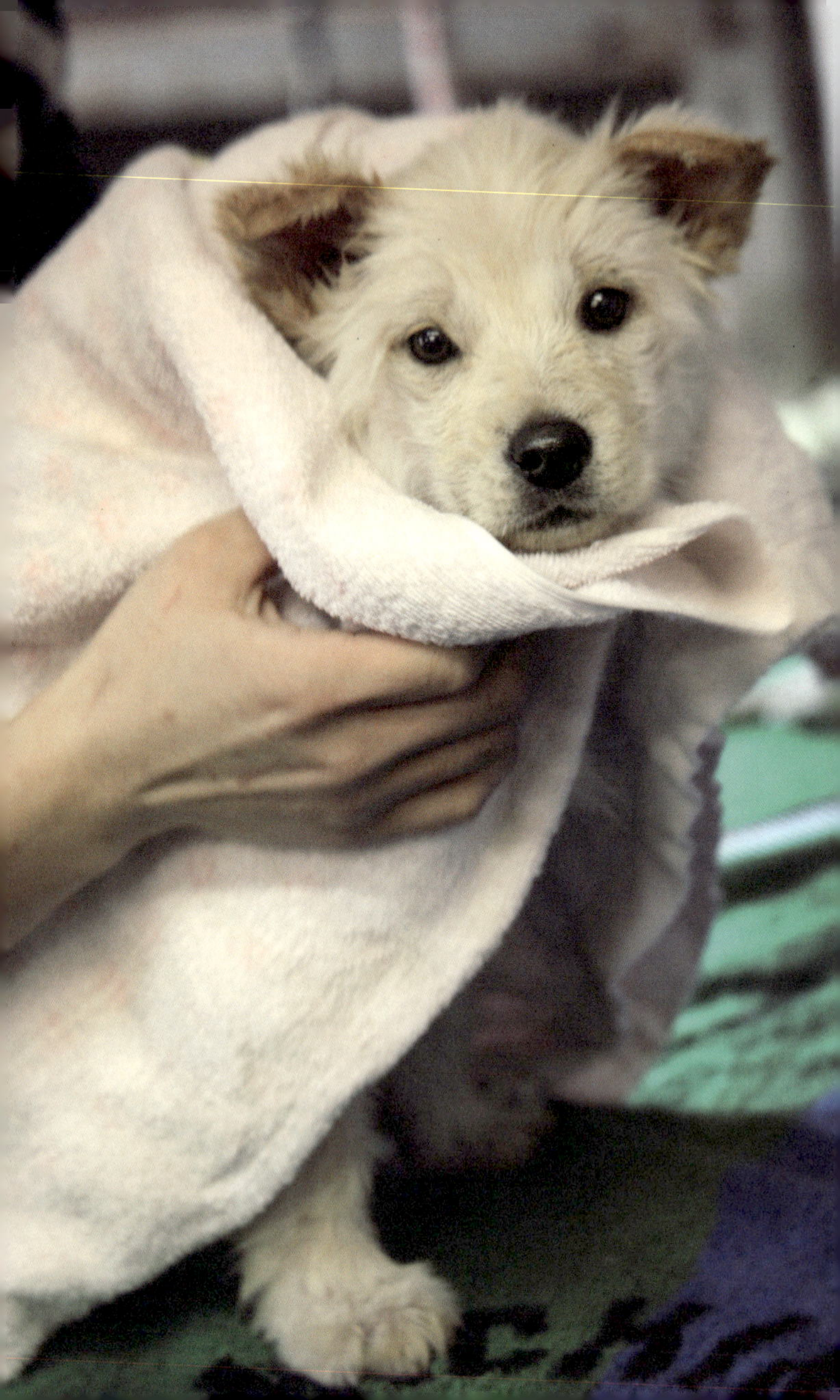

ほおーっ。

チョキチョキ。

おしゃれに
毛《け》を整《ととの》えて。

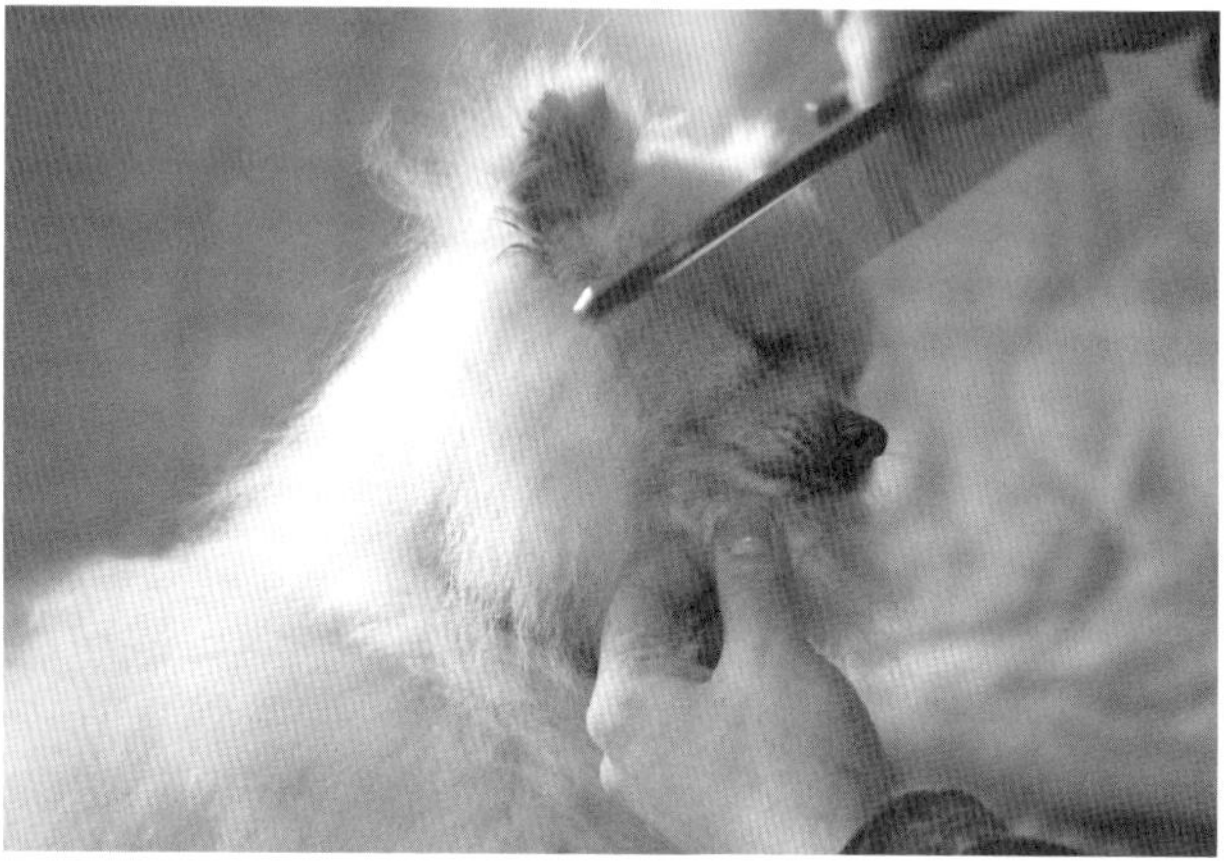

ほっとしました。
まるで、天国《てんごく》のような所《ところ》です。
こんなにやさしい人《ひと》たちも、いたんだね！

うとうと。

……はっ。

ネコも、ほっこり。

犬《いぬ》も、ほっこり。

不安《ふあん》だったお母《かあ》さん犬《いぬ》も、
思《おも》わず顔《かお》が、ゆるんでいます。

「助《たす》けてくれて、ありがとう!」

第三章《だいさんしょう》　動物《どうぶつ》たちを助《たす》ける理由《りゆう》

ようやくみんな、一息《ひといき》つけました。
ここは、動物保護団体《どうぶつほごだんたい》、アーク。
正式《せいしき》な名前《なまえ》は、アニマルレフュージ関西《かんさい》、といいます。
イギリスから日本《にほん》にやってきた
エリザベス・オリバーさんが代表《だいひょう》を務《つと》めています。
犬《いぬ》やネコなどの動物《どうぶつ》を保護《ほご》し、
新《あたら》しい飼《か》い主《ぬし》を探《さが》す活動《かつどう》をしています。

もしその動物《どうぶつ》に病気《びょうき》やケガがあったら、手当《てあ》てをします。
人《ひと》をこわがっていたら、
やさしく相手《あいて》をして、心《こころ》の傷《きず》をいやします。

スタッフは、けっこう……、ひょうきんです。

アークが、
犬《いぬ》やネコを保護《ほご》するのには、
わけがあります。

もう飼《か》えなくなった犬《いぬ》や、
まいごになった犬《いぬ》は、
保健所《ほけんじょ》や動物愛護《どうぶつあいご》センターなどに
連《つ》れていかれます。
ネコも、持《も》ちこまれることがあります。

けれど、引《ひ》きとれる数《かず》には、限《かぎ》りがあります。
その施設《しせつ》の人《ひと》たちも、新《あたら》しい飼《か》い主《ぬし》を見《み》つけるため、
さまざまな努力《どりょく》をしていますが、
もし引《ひ》きとり手《て》が見《み》つからない場合《ばあい》、
犬《いぬ》やネコは、殺《ころ》されてしまうこともあるんです。

殺《ころ》される前《まえ》に、
一《ひと》つでも多《おお》くの
命《いのち》を、すくいたい！

だからアークで預《あず》かります。

動物《どうぶつ》たちが、
ぎゃくたいされたり、せまい場所《ばしょ》におしこめられていたり、
ひどい飼《か》い方《かた》をされている場合《ばあい》もあります。
災害《さいがい》が起《お》きたり、飼《か》い主《ぬし》が病気《びょうき》にかかったり、
やむをえない理由《りゆう》で、
ペットの世話《せわ》ができなくなることもあります。

そんなときもスタッフが、あちこちとびまわり、
ペットたちを保護《ほご》してきます。

第《だい》四章《しょう》　心《こころ》を開《ひら》いて

アークにやってきた犬《いぬ》やネコたちは、
最初《さいしょ》はこわがったり、緊張《きんちょう》したり、
ほえて暴《あば》れて、
世話《せわ》をさせてくれないこともあります。
でも、やさしいスタッフたちと過《す》ごすうち、
少《すこ》しずつ心《こころ》を開《ひら》いていきます。

来《き》たばかりの子犬《こいぬ》が、
外《そと》に行《い》くのを
こわがっています。

いやなことを、
思《おも》い出《だ》したのかもしれません。
悲《かな》しいことが、
あったのかもしれません。

なかなか、足《あし》をふみだせません。

「だいじょうぶ。
こわくないよ！
わたしがいっしょに
いるからね！」

やっとお散歩《さんぽ》に出《で》かけました。

せっせっせーの、
よいよいよいよいっと！

「遊《あそ》んでくれて、
ありがとう！」

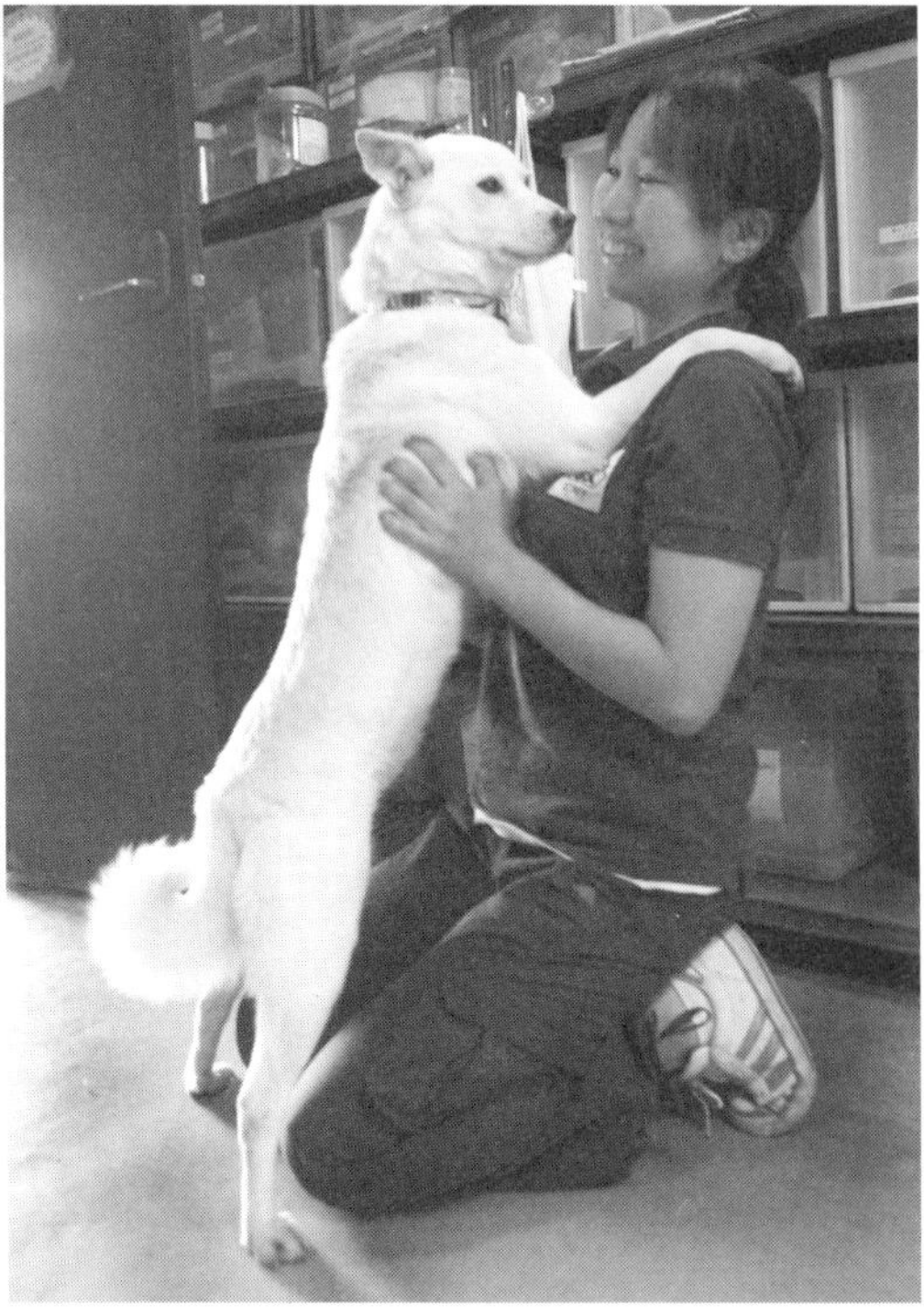

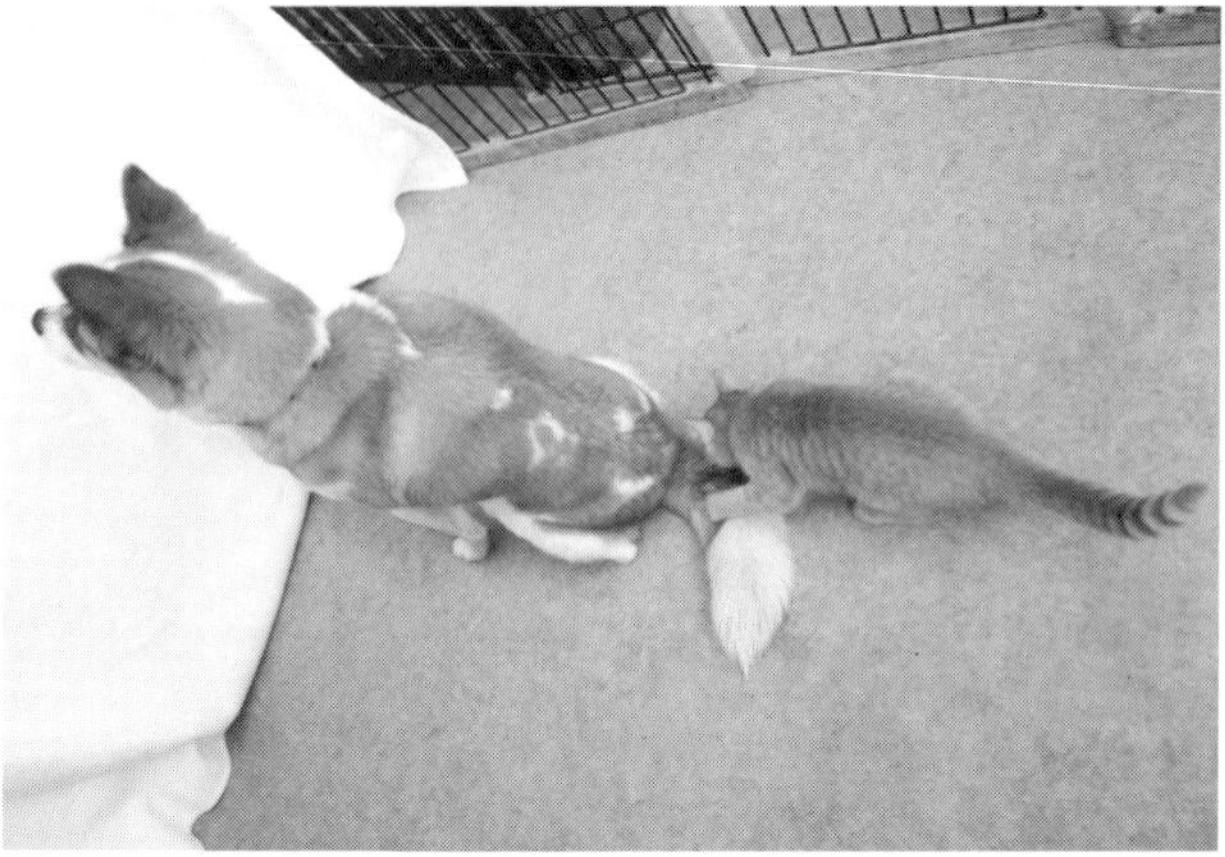

捨《す》てられていた子《こ》ネコも、
すっかり元気《げんき》になりました。
おや？
いったい何《なに》をねらっているのかな？

はにゃ?

とおっ!

キャッチ!

スタッ

「おこられてしまったニャン」

「あの、もしよかったら、
いっしょに遊《あそ》んでくれない？」

「じゃあ、遊《あそ》ぼ！　遊《あそ》びましょ！」
「うん！　これからなかよくしてね！」

みんな、だんだん調子《ちょうし》が出《で》てきました！

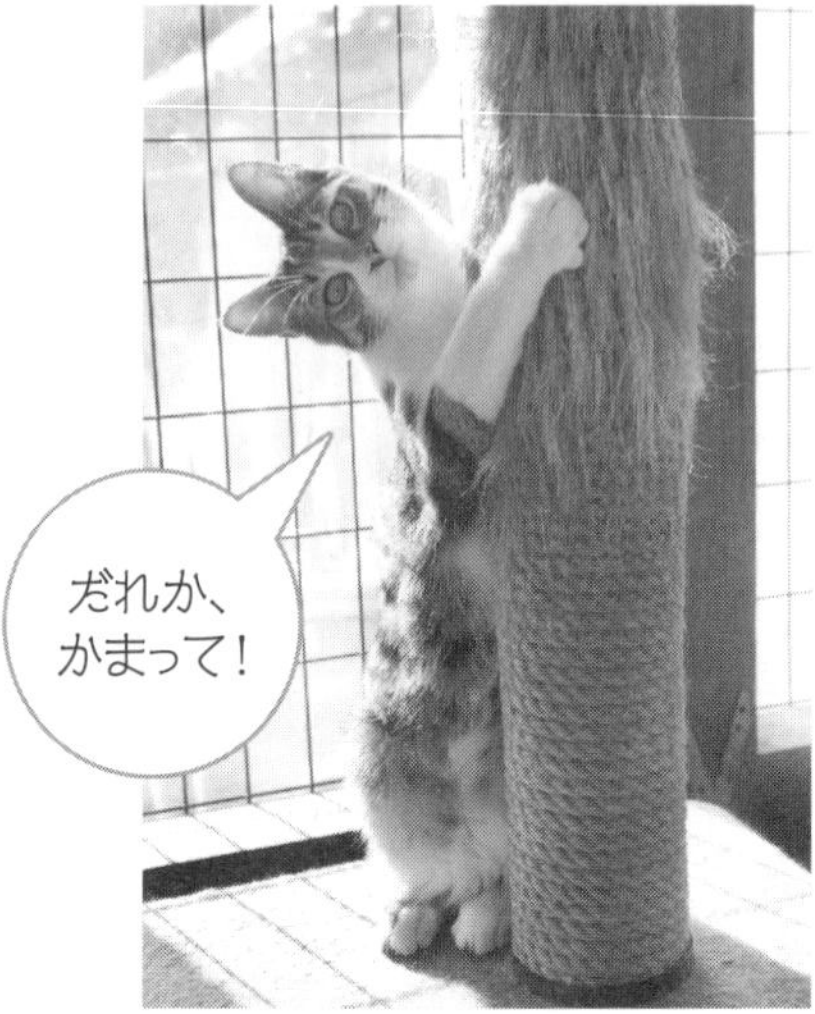
だれか、
かまって！

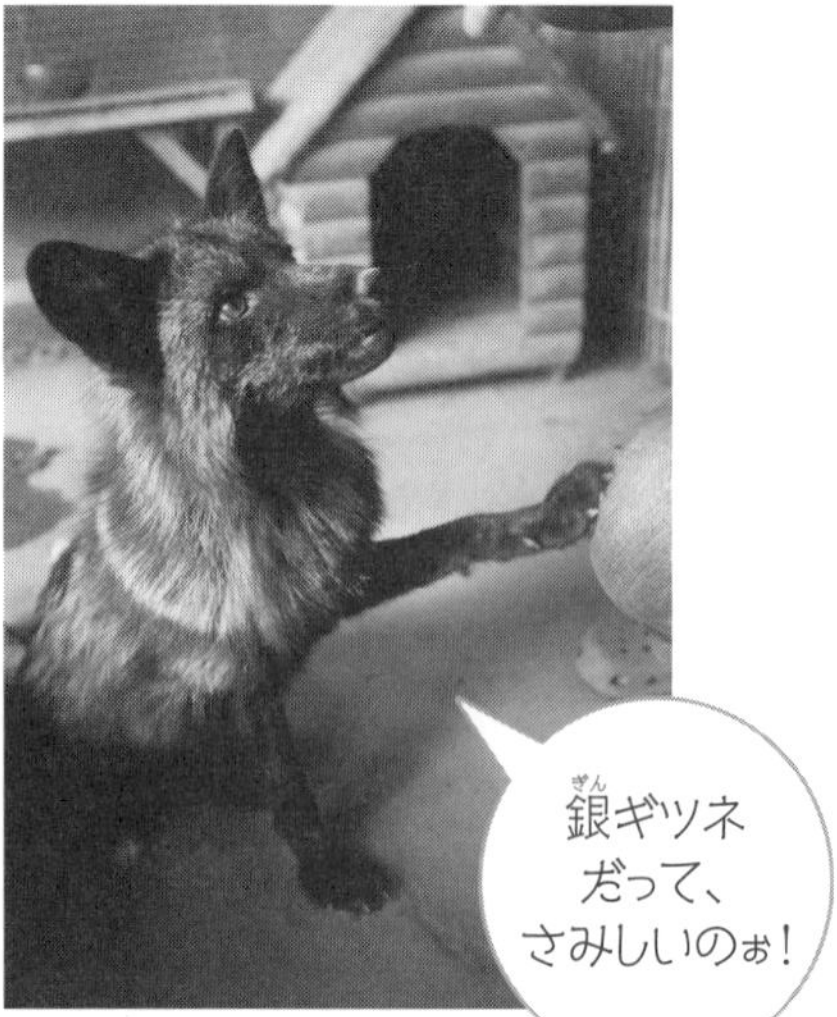
銀《ぎん》ギツネ
だって、
さみしいのぉ！

子《こ》ネコ軍団《ぐんだん》も
たいくつ
してましゅ！

なんだか
ワクワク
してきたよ！

ネコたちは、大《おお》さわぎを始《はじ》めています。

ゲット!

ほよっ

犬《いぬ》たちだって、負《ま》けてはいません。

みんな、楽《たの》しく遊《あそ》んでいます。

第《だい》五章《しょう》　あなたに会《あ》えてありがとう

今《いま》までアークに保護《ほご》されたペットは、
何千匹《なんぜんびき》もいます。
そのうちの、いくつかの物語《ものがたり》を紹介《しょうかい》します。

リザ

被災《ひさい》した犬《いぬ》たち

お母《かあ》さん犬《いぬ》エッジ

ウサギたち

瑛太《えいた》

子《こ》ネコのクシュ

チョビ

ムーンベア

ピーマン

ワイヤレス

ポーリーン

お母《かあ》さん犬《いぬ》エッジの物《もの》語《がたり》

冬《ふゆ》のある日《ひ》、アークに、
男《おとこ》の人《ひと》から電話《でんわ》がかかってきました。

「近所《きんじょ》をさまよっている犬《いぬ》を、
保護《ほご》してあげてください！」

電話《でんわ》をしたあとで、その男《おとこ》の人《ひと》が犬《いぬ》をつかまえ、
自分《じぶん》の家《いえ》に連《つ》れて帰《かえ》りました。
ところがその夜《よる》、犬《いぬ》は庭《にわ》にあった小屋《こや》で、
七匹《ひき》の子犬《こいぬ》を産《う》んだのです。

発見《はっけん》された朝《あさ》には、二匹《ひき》の子犬《こいぬ》が、
寒《さむ》さのために亡《な》くなっていました。

母犬《ははいぬ》と五匹《ひき》の子犬《こいぬ》は、アークに引《ひ》きとられ、
お母《かあ》さん犬《いぬ》は、エッジと名《な》づけられました。

スタッフは、親子《おやこ》の犬《いぬ》を、
やさしく世話《せわ》しました。
お母《かあ》さん犬《いぬ》を散歩《さんぽ》に連《つ》れていっても、
リードをはずすと、
すぐ子犬《こいぬ》たちの所《ところ》に
もどってきます。
やっぱりお母《かあ》さんですからね！

子育《こそだ》ては、順調《じゅんちょう》にすすみ、
子犬《こいぬ》たちは、すくすくと成長《せいちょう》しました。

人《ひと》に慣《な》らす「社会化《しゃかいか》」を行《おこな》ったので、
子犬《こいぬ》たちは人《ひと》をこわがらず、
素直《すなお》でおだやかな性格《せいかく》に育《そだ》っていきました。

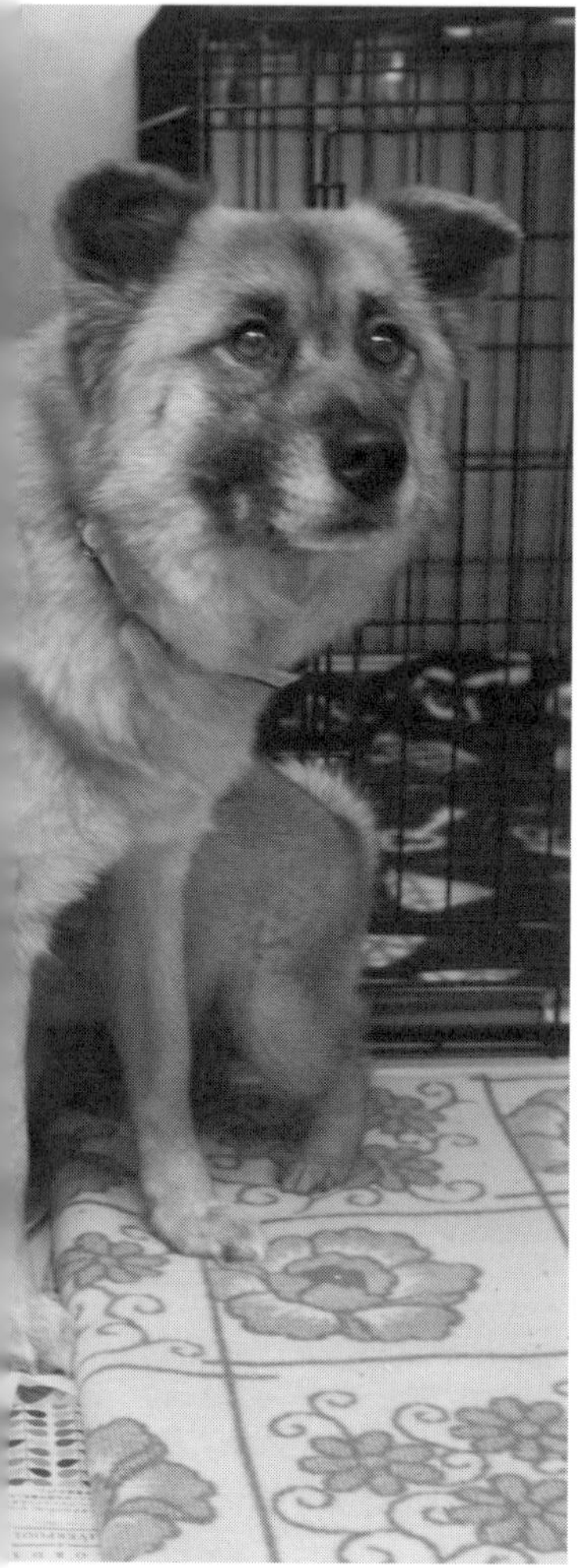

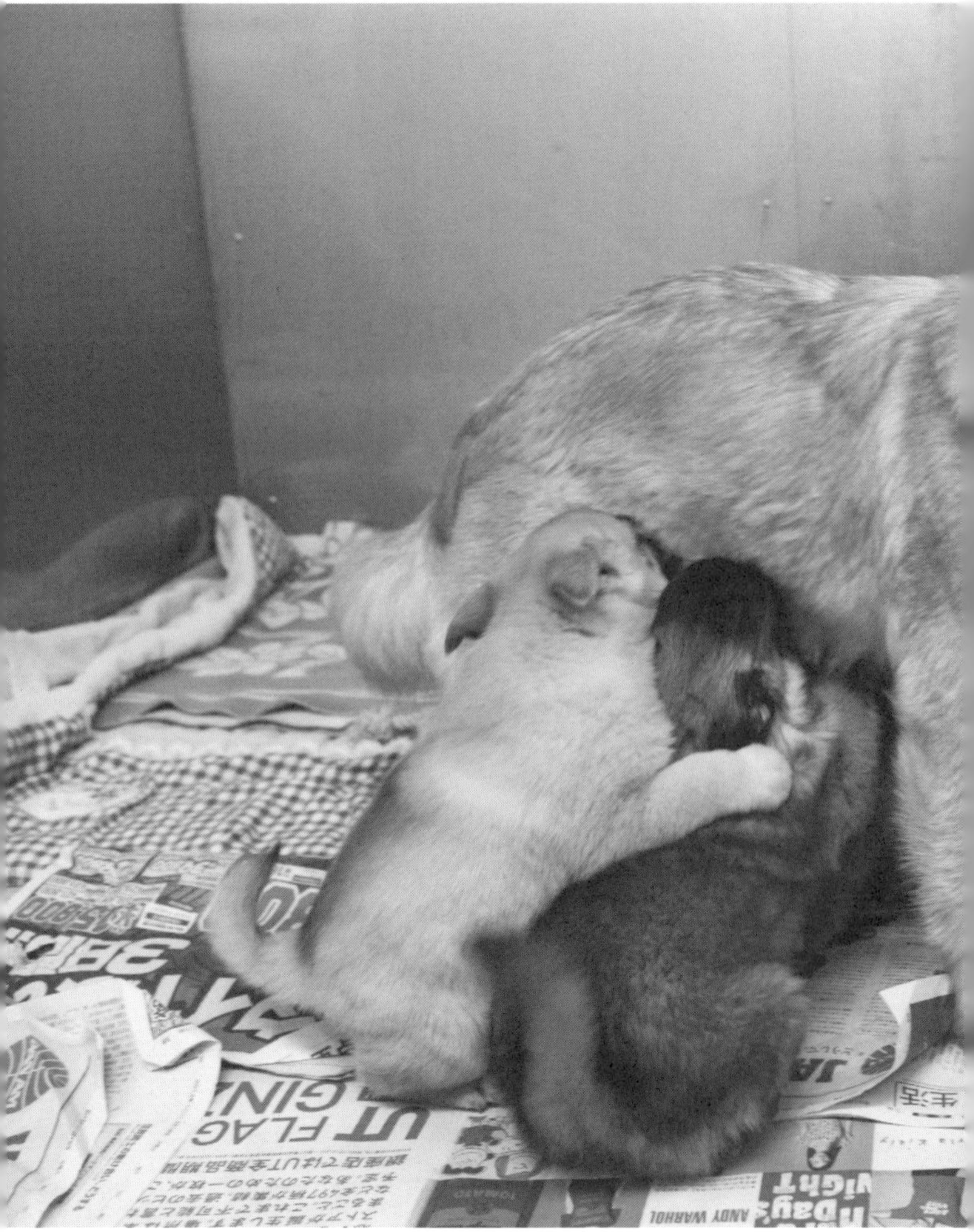

里親《さとおや》を探《さが》したところ、
まず最初《さいしょ》、子犬《こいぬ》たちに、もらい手《て》が決《き》まっていきました。
お母《かあ》さんのエッジには、最後《さいご》に見《み》つかりました。
その家《いえ》には、以前《いぜん》アークから引《ひ》きとられた犬《いぬ》がいて、
いっしょになかよく暮《く》らしています。

全員《ぜんいん》、新《あたら》しい家族《かぞく》が決《き》まって、本当《ほんとう》によかったね！

リザの物語《ものがたり》

ある日《ひ》、アークからゆずりわたされたビーグル犬《けん》が、
飼《か》い主《ぬし》といっしょに散歩《さんぽ》していました。
すると、道路《どうろ》の脇《わき》に何《なに》かを見《み》つけて知《し》らせました。

「見《み》て見《み》て！　ほら、あそこ！」

畑《はたけ》の水路《すいろ》に落《お》ちていたのは……なんと子《こ》ネコでした！
子《こ》ネコは、アークに保護《ほご》されましたが、
栄養失調《えいようしっちょう》のため、目《め》ばかりぎょろぎょろしていました。

そこで、英語《えいご》の「リザード（トカゲ）」からとって、
リザと名《な》づけられました。
しかしその後《ご》、スタッフにご飯《はん》をたっぷりもらって、
ふっくらかわいいネコになりました。
やがて、アークで一時《いちじ》預《あず》かりのボランティアを
している人《ひと》の家《いえ》に行《い》きました。
アークでは、施設《しせつ》がいっぱいになったり、
病気《びょうき》などで手《て》のかかるペットがいたりした場合《ばあい》、
一般《いっぱん》の家庭《かてい》に犬《いぬ》やネコを預《あず》かってもらうことがあります。
リザは、その家族《かぞく》に気《き》に入《い》られ
もう一匹《ぴき》預《あず》けられていたネコといっしょに、
正式《せいしき》にその家《いえ》の子《こ》になりました。

ウサギたちの物語《ものがたり》

ある高齢《こうれい》の夫婦《ふうふ》が、
オスとメスのウサギを買《か》いました。
ところが、どんどんふえて、
三カ月《げつ》たったら……
なんと十九匹《ひき》になってしまいました！

しかたなく夫婦《ふうふ》は、
スーパーの買《か》い物《もの》カゴに
ウサギを一匹《ぴき》ずつ入《い》れ、
フタをして飼《か》いました。

「ウサギたちが、カゴにおしこめられています！」

夫婦《ふうふ》の家《いえ》に介護《かいご》のお手伝《てつだ》いに行《い》った人《ひと》が気《き》がついて、アークに相談《そうだん》してきました。

スタッフがレスキューしに行《い》くと、その夫婦《ふうふ》は高齢《こうれい》のため、身《み》の回《まわ》りのことができず、家《いえ》の中《なか》はゴミ屋敷《やしき》のような状態《じょうたい》でした。

ずっとカゴの中《なか》にいたウサギたちは、
アークに来《き》ても、
最初《さいしょ》は人《ひと》に慣《な》れませんでしたが、
しばらくすると、だんだん自分《じぶん》から
「なでて～」
とスタッフに
すり寄《よ》ってくるようになりました。

その後何匹《ごなんびき》かには、
新《あたら》しい飼《か》い主《ぬし》が見《み》つかりましたが、
まだアークで暮《く》らしている子《こ》たちもいます。

被災《ひさい》した犬《いぬ》たちの物語《ものがたり》

二〇一一年《ねん》三月《がつ》、東日本大震災《ひがしにほんだいしんさい》のとき、
家《いえ》がこわれたり、仕事《しごと》がなくなったりして、
犬《いぬ》を飼《か》えなくなった飼《か》い主《ぬし》がたくさんいました。
原子力発電所《げんしりょくはつでんしょ》の爆発《ばくはつ》で、
急《いそ》いで遠《とお》くに避難《ひなん》した人《ひと》も大《おお》ぜいいました。
すぐ自宅《じたく》に帰《かえ》れるだろうと思《おも》ったのに、
それからずっと避難生活《ひなんせいかつ》が続《つづ》きました。
家《いえ》にとり残《のこ》されたペットたちは、水《みず》も食《た》べ物《もの》もなく、
このままでは、死《し》んでしまうような状況《じょうきょう》に
なってしまいました。

そこでアークのスタッフは、放射能《ほうしゃのう》の危険《きけん》の中《なか》、
被災地《ひさいち》に出《で》かけ、
ぜんぶで約《やく》二百匹《ぴき》の犬《いぬ》を保護《ほご》してきました。

飼《か》い主《ぬし》たちは、避難生活《ひなんせいかつ》が終《お》わり、自分《じぶん》たちの生活《せいかつ》が落《お》ちつくと、預《あず》かってもらったペットを引《ひ》きとりにきました。

「ありがとうございます！　本当《ほんとう》に助《たす》かりました！」

どうしても犬《いぬ》を飼《か》いつづけられなくなった人《ひと》もいます。
その場合《ばあい》は、アークが責任《せきにん》を持《も》って、次《つぎ》の飼《か》い主《ぬし》を探《さが》しました。
ざんねんながら、引《ひ》きとり手《て》が見《み》つからず、まだアークにいる犬《いぬ》もいますが、どの犬《いぬ》も震災《しんさい》で命《いのち》を落《お》とすことなく、生《い》きのびることができたのでした。

瑛太《えいた》の物語《ものがたり》

瑛太《えいた》も、東日本大震災《ひがしにほんだいしんさい》のとき、保護《ほご》された犬《いぬ》です。

あるブリーダー（子犬《こいぬ》を育《そだ》てる業者《ぎょうしゃ》）が、約百匹《やくぴき》もの犬《いぬ》をせまい家《いえ》におしこめ、飼《か》っていました。

ところが、震災《しんさい》で電気《でんき》や水道《すいどう》が止《と》まってしまい、飼《か》いつづけることができなくなったため、アークで引《ひ》きとることになりました。

おそらく瑛太《えいた》は、それまで九年《ねん》もの間《あいだ》、
人《ひと》に声《こえ》をかけてもらったことも、
愛情《あいじょう》を注《そそ》いでもらったことも、
なかったでしょう。

しかも、いつからかはわかりませんが、
水頭症《すいとうしょう》という、
頭《あたま》に水《みず》がたまる病気《びょうき》にかかっていました。

そのため、ペットとして
売《う》られずにいたのでした。

はたして、家族《かぞく》になってくれる人《ひと》は
いるのでしょうか？

いました！
里親会《さとおやかい》という、動物《どうぶつ》たちの新《あたら》しい家族《かぞく》を探《さが》す会《かい》に
やってきたその女《おんな》の人《ひと》は、
前《まえ》からアークの活動《かつどう》をよく知《し》っていました。
自分《じぶん》の年《とし》を考《かんが》えて、
子犬《こいぬ》ではなく最後《さいご》まできちんと世話《せわ》のできる老犬《ろうけん》、
しかも、なるべく引《ひ》きとり手《て》のなさそうな犬《いぬ》を
選《えら》ぼうと思《おも》っていました。
瑛太《えいた》を前《まえ》に、つぶやきました。

「よくここまで生《い》きぬいてきたね……」

そして、
瑛太《えいた》を自分《じぶん》の家《いえ》の子《こ》にすると
決《き》めました。

「わが家《や》に来《き》てくれて、ありがとう！」

すばらしい飼《か》い主《ぬし》にめぐり会《あ》えて
よかったね、瑛太《えいた》！

子《こ》ネコのクシュの物語《ものがたり》

ある男《おとこ》の人《ひと》は、罪《つみ》をおかし、刑務所《けいむしょ》に入《はい》ることになりました。

しかし、家《いえ》ではメスネコが、子《こ》ネコをたくさん産《う》んでいました。

「自分《じぶん》が刑務所《けいむしょ》に入《はい》ったら、この子《こ》たちはどうなるんだろう……」

困《こま》ったその男《おとこ》の人《ひと》は、アークにネコたちの保護《ほご》を頼《たの》みました。

母《はは》ネコと、前《まえ》に生《う》まれたオスネコ一匹《ぴき》と、クシュたち子《こ》ネコ七匹《ひき》。

男《おとこ》の人《ひと》は、別《わか》れぎわ、

「ごめんな、ごめんな……」

とあやまっていたそうです。

写真《しゃしん》の左側《ひだりがわ》のネコが、
アークに落《お》ちついたクシュです。
右側《みぎがわ》は、そのきょうだいです。

ピーマンの物語《ものがたり》

四匹《ひき》の犬《いぬ》と二十一匹《ぴき》のネコが暮《く》らしていた家《いえ》が、飼《か》い主《ぬし》の女性《じょせい》が入院中《にゅういんちゅう》に、火事《かじ》になってしまいました。

「大変《たいへん》だ！　中《なか》には動物《どうぶつ》たちが！」

近所《きんじょ》の人《ひと》たちが、すぐに助《たす》け出《だ》し、犬《いぬ》たちは、近《ちか》くの家《いえ》に保護《ほご》された後《あと》、アークに来《き》ました。

ネコたちは、しばらく焼《や》けた家《いえ》の前《まえ》で暮《く》らしていましたが、アークのスタッフが、つかまえてまわりました。

最初《さいしょ》はみんな、ガリガリに
やせ細《ほそ》っていましたが、
やがて写真《しゃしん》のピーマンのように、
すっかり元気《げんき》になりました。
ピーマンたちには飼《か》い主《ぬし》が
見《み》つかりましたが、
きょうだい二匹《ひき》は、
まだアークで暮《く》らしています。

チョビの物語《ものがたり》

チョビは、のら犬《いぬ》から生《う》まれた子犬《こいぬ》でした。
アークが保護《ほご》していたところ、
ある男《おとこ》の人《ひと》が気《き》に入《い》り、
会社《かいしゃ》で飼《か》いたいと引《ひ》きとりました。

ところが、その会社《かいしゃ》の経営《けいえい》がうまくいかなくなり、
どうしても飼《か》いつづけることができなくなって、
またアークにもどってきたのです。

とっても愛想《あいそ》のいい犬《いぬ》でしょう?
でも本当《ほんとう》は、その飼《か》い主《ぬし》が
むかえにきてくれるのを、
ずっと待《ま》っていたんです。
飼《か》い主《ぬし》が面会《めんかい》に来《く》るたびに、
目《め》で追《お》っていました。

新《あたら》しい飼《か》い主探《ぬしさが》しは、なかなかすすみませんでした。
アークでの毎日《まいにち》も、楽《たの》しかったんですけれどね……。

チョビは十四歳《さい》のとき、
体《からだ》に腫瘍《しゅよう》ができてしまいました。
だんだん病気《びょうき》は重《おも》くなり、
自分《じぶん》がしたう飼《か》い主《ぬし》を待《ま》ちながら、
アークのスタッフに見守《みまも》られ、
安《やす》らかに天国《てんごく》に行《い》きました。

でも、最後《さいご》まで、せいいっぱい生《い》きたこと、
みんな知《し》っているからね！

ワイヤレスの物語《ものがたり》

ワイヤレスは、捨《す》て犬《いぬ》からふえたのら犬《いぬ》の中《なか》の一匹《ぴき》でした。

スタッフが出会《であ》ったとき、左前足《ひだりまえあし》には、針金《はりがね》がまきついたままでした。

「早《はや》く足《あし》を治《なお》してあげたい！」

二、三日《にち》かけてやっと保護《ほご》してきましたが、くさってしまった左前足《ひだりまえあし》は、もう手《て》のほどこしようがなく、切断《せつだん》するしかありませんでした。

のら犬《いぬ》だったワイヤレスは、暴《あば》れてリードをつけることもできません。

ウーウーうなり、犬小屋《いぬごや》の毛布《もうふ》を、かみちぎっています。

「早《はや》くぼくたちに、慣《な》れてくれないかな……」

スタッフが、毎日《まいにち》小屋《こや》に入《はい》り、
一カ月半《げつはん》も、ただただ、いっしょに過《す》ごしました。

「ほら、ご飯《はん》だよ」

手《て》からエサを食《た》べさせようとすると、最初《さいしょ》はこわがっていました。

しかし、とうとう口《くち》にしてくれました。

そのすきに、体《からだ》をさわります。

「ほら、平気《へいき》だろう?
ぼくたちは君《きみ》に、ぜったいひどいことはしないからね!」

リードを、わざと小屋《こや》の中《なか》に置《お》いておき、慣《な》れさせました。
すると、首《くび》を通《とお》させてくれるようになりました。
小屋《こや》の中《なか》で、いっしょに歩《ある》く練習《れんしゅう》をします。

しかし、少《すこ》しでも首《くび》に力《ちから》がかかると、
パニック状態《じょうたい》になって、暴《あば》れます。
ひたすら毎日《まいにち》、練習《れんしゅう》です。

やがて、二カ月経《げつた》ったある日《ひ》のこと。
小屋《こや》の扉《とびら》を開《あ》けてやると、
ワイヤレスは、おそるおそる外《そと》に出《で》ました。

「よかった！
ワイヤレスがぼくたちに
心《こころ》を開《ひら》いてくれた！」

そしてとうとう、
お散歩《さんぽ》にも行《い》けるようになったんです！
三本足《ぼんあし》でも、ピョンピョン跳《と》ぶように歩《ある》きます。

今《いま》はもう、この通《とお》り
だっこだって、だいじょうぶ！

ムーンベアの物語《ものがたり》

箱《はこ》に入《い》れられ、捨《す》てられていた子犬《こいぬ》たち。
その中《なか》の一匹《ぴき》は、
首《くび》にツキノワグマのような
三日月《みかづき》の白《しろ》い模様《もよう》があったため、
ムーンベアと名付《なづ》けられました。

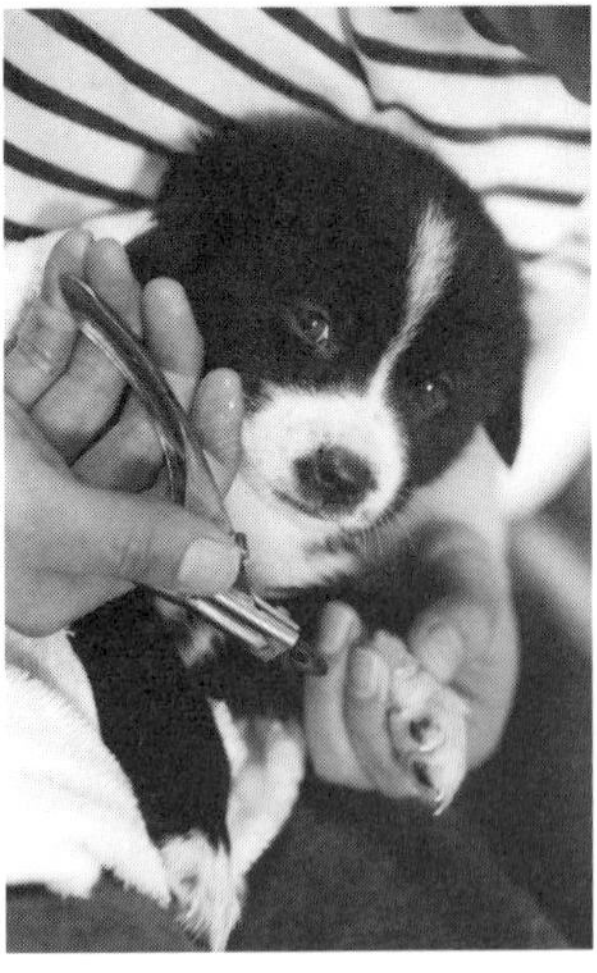

ムーンベアは、さけびました。

「だれか、わたしの家族《かぞく》になって！」

そうしたら、こんなかわいい子《こ》がいる家《いえ》に
むかえてもらうことができました。
やがてその子《こ》の家族《かぞく》と共《とも》に
ニュージーランドにわたり、
今《いま》は幸《しあわ》せに暮《く》らしています。

ポーリーンの物語《ものがたり》

ある家《いえ》で、たくさんの犬《いぬ》とヤギを飼《か》っていました。
しかしとうとう飼《か》いきれなくなり、
アークが引《ひ》きとりました。
その犬《いぬ》のうちの一匹《ぴき》が、ポーリーンです。
「早《はや》く、わたしの新《あたら》しい家族《かぞく》が決《き》まってくれるといいな」
ポーリーンは、二年近《ねんちか》くも、
待《ま》ちつづけました。

ある日《ひ》、もの静《しず》かな夫婦《ふうふ》が、たずねてきました。
前《まえ》にアークからゆずりわたされた犬《いぬ》が、高齢《こうれい》のために亡《な》くなり、
さみしい思《おも》いをしていたんです。

「家《うち》で、飼《か》えそうな犬《いぬ》はいませんか？」

ポーリーンを一目見《ひとめみ》て、気《き》に入《い》りました。
いっしょに、お散歩《さんぽ》をしてみたら、
ポーリーンも、だんだんうれしくなってきます。

「やさしそうな人《ひと》たちだわ！」

この夫婦《ふうふ》は、それまでもきちんと、
ペットの世話《せわ》をしていたので、
飼《か》い主《ぬし》としても、申《もう》し分《ぶん》ありません。
ポーリーンは、この人《ひと》たちのお家《うち》に
行《い》くことになりました。

さあ、出発《しゅっぱつ》！
スタッフが、見《み》おくっています。
「よかったね！　ポーリーン！
幸《しあわ》せになってね！」

このように、
いろいろな事情《じじょう》で、
アークにやってくる犬《いぬ》やネコたち。

みんな、
新《あたら》しい家族《かぞく》がむかえにくるのを
今《いま》か今《いま》かと
待《ま》っています。

ペットは、
どこかの家《いえ》で、
人《ひと》となかよく暮《く》らしてこそ、
幸《しあわ》せを感《かん》じることが
できるんですから。

知《し》ってる？
一人《ひとり》じゃないって
思《おも》っただけで、
心《こころ》は、ぽっと
あったかくなるんだよ。

それはきっと、
人《ひと》も動物《どうぶつ》たちも、
おなじこと。

「あなたに会《あ》えてありがとう」

「こちらこそ、あなたに会《あ》えてありがとう」

DOG

生《い》きていることに、ありがとう。
つらいこともあったけど、
あなたに会《あ》えて、元気《げんき》になれたよ！

Canon

Q&A みなさんに知《し》っておいてほしいこと

Q 捨《す》てられたり、さまよったりしている犬《いぬ》やネコを見《み》つけたら、どうしたらいいの？

A その犬《いぬ》やネコは、お腹《なか》をすかせていたり、ケガをしていたり、体《からだ》が弱《よわ》って病気《びょうき》にかかっていたりするかもしれません。まず動物病院《どうぶつびょういん》に連《つ》れていってあげましょう。

しかし、動物病院《どうぶつびょういん》では、人間《にんげん》とちがって健康保険《けんこうほけん》がきかないため、高《たか》いお金《かね》がかかります。お家《うち》の人《ひと》とよく相談《そうだん》しましょう。

飼《か》い主《ぬし》がすぐに見《み》つからないときは、警察《けいさつ》に届《とど》け、探《さが》してもらいます。それでも見《み》つからない場合《ばあい》、届《とど》けた人《ひと》が飼《か》うこともできます。

もし、飼《か》い主《ぬし》が決《き》まらず、その犬《いぬ》やネコが警察《けいさつ》から保健所《ほけんじょ》などに送《おく》られて、何日《なんにち》かの内《うち》に引《ひ》きとり手《て》が現《あらわ》れないと、その施設《しせつ》の方針《ほうしん》によっては殺処分《さつしょぶん》されてしまうこともあります。どうしても困《こま》ったときは、動物保護団体《どうぶつほごだんたい》に連絡《れんらく》をとってみてください。

Q 生《う》まれたばかりの子犬《こいぬ》や子《こ》ネコの命《いのち》を救《すく》う方法《ほうほう》

生《う》まれたばかりの犬《いぬ》やネコは、よく捨《す》てられてしまいます。いったいどうしたら、その命《いのち》を救《すく》うことができるのでしょうか。

A まず、動物《どうぶつ》の赤《あか》ちゃんは体温調節《たいおんちょうせつ》ができないため、体《からだ》を温《あたた》めてあげます（温《あたた》めすぎに注意《ちゅうい》）。ペットショップや動物病院《どうぶつびょういん》で売《う》っている子犬《こいぬ》や子《こ》ネコ用《よう》の粉《こな》ミルクを、人肌程度《ひとはだていど》に温《あたた》め、哺乳瓶《ほにゅうびん》か注射器《ちゅうしゃき》で数時間《すうじかん》おきに与《あた》えます。牛乳《ぎゅうにゅう》は下痢《げり》をするので飲《の》ませないでください。粉《こな》ミルクがない場合《ばあい》は、スポーツドリンクを代《か》わりに使《つか》ってください。ミルクをあげた後《あと》は、お尻《しり》を湿《しめ》った脱脂綿《だっしめん》でさすって、ウンチやオシッコを出《だ》させてあげましょう。

Q 近所《きんじょ》に虐待《ぎゃくたい》されたり、ほったらかしにされているペットがいる！

A 動物《どうぶつ》を虐待《ぎゃくたい》したり、きちんと飼《か》わなかったりすることは、動物愛護管理法《どうぶつあいごかんりほう》に違反《いはん》しています。大人《おとな》に知《し》らせましょう。

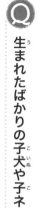

Q ペットを飼《か》いたいと思《おも》ったら?

A 自分《じぶん》の家《いえ》がペットを飼《か》うのにふさわしい場所《ばしょ》かどうか、しっかり考《かんが》えましょう。

ペットの世話《せわ》は、大変《たいへん》です。散歩《さんぽ》やエサやりなど、世話《せわ》をするのはだれか、きちんと決《き》めておきましょう。費用《ひよう》もかかります。エサ代《だい》のほかに動物病院《どうぶつびょういん》での予防接種代《よぼうせっしゅだい》や治療費《ちりょうひ》も支払《しはら》わなくてはなりません。

もし、相手《あいて》をする時間《じかん》がとれず、留守番《るすばん》ばかりさせてしまうようなら、飼《か》うのはかえってかわいそうです。

ペットを家《いえ》にむかえるには、最後《さいご》までしっかり世話《せわ》をする心《こころ》がまえがいるのです。飼《か》い方《かた》にも注意《ちゅうい》が必要《ひつよう》です。犬《いぬ》やネコは、できれば家《いえ》の中《なか》で飼《か》いましょう。

ペットたちは、人間《にんげん》といっしょに暮《く》らすことで心《こころ》が安《やす》らぎます。

犬《いぬ》を庭《にわ》の犬小屋《いぬごや》につなぎっぱなしにしておくと、ストレスがたまり、吠《ほ》えたりするようになります。せめて広《ひろ》いフェンスで囲《かこ》まれた走《はし》りまわれる場所《ばしょ》で飼《か》い、一日《にち》一度《ど》は家《いえ》に入《い》れてあげてください。

ネコも、外《そと》に出《だ》すと危険《きけん》がいっぱいです。交通事故《こうつうじこ》にあったり、伝染病《でんせんびょう》にかかったり、場合《ばあい》によっては悪《わる》い人《ひと》に虐待《ぎゃくたい》されたりするおそれもあります。

本当《ほんとう》に自分《じぶん》の家《いえ》でペットを飼《か》うことができるのか、じっくり考《かんが》えてみてください。それでも家《いえ》にむかえようと決《き》めたときは、ペットショップだけでなく、動物保護団体《どうぶつほごだんたい》からゆずりうける方法《ほうほう》もあるということを、ぜひ思《おも》い出《だ》してくださいね。

Q ペットを飼《か》いつづけられないときはどうしたらいいの?

A まず、なんとか飼《か》いつづける方法《ほうほう》はないか、よく考《かんが》えます。

それでも無理《むり》な場合《ばあい》は、自分《じぶん》たちで知《し》り合《あ》いに呼《よ》びかけ、引《ひ》きとり手《て》を探《さが》しましょう。

どうしても見《み》つからない場合《ばあい》は、動物保護団体《どうぶつほごだんたい》に相談《そうだん》してもいいのですが、みんながたよりにしてしまうと、犬《いぬ》やネコの小屋《こや》は満員《まんいん》で入《はい》りきれなくなってしまいます。

動物保護団体《どうぶつほごだんたい》に相談《そうだん》するのは、本当《ほんとう》に困《こま》ったときの最後《さいご》の手段《しゅだん》にしましょう。

しかし、震災《しんさい》や洪水《こうずい》などの緊急時《きんきゅうじ》は別《べつ》です。もしペットの世話《せわ》ができなくなった場合《ばあい》は、遠慮《えんりょ》せずに動物保護団体《どうぶつほごだんたい》に連絡《れんらく》をとってみてください。一番大変《いちばんたいへん》な時期《じき》だけでも預《あず》かってくれたり、何《なに》かと力《ちから》になってくれることでしょう。

アークの活動《かつどう》と原田京子《はらだきょうこ》さんの写真《しゃしん》について

高橋《たかはし》うらら

アークについて

この本《ほん》で紹介《しょうかい》した動物保護団体《どうぶつほごだんたい》、アーク（アニマルレフュージ関西《かんさい》）は、一九九〇年《ねん》、イギリス人女性《じんじょせい》、エリザベス・オリバーさんによって設立《せつりつ》されました。

オリバーさんは、一九六〇年代《ねんだい》、旅行《りょこう》で立《た》ち寄《よ》った日本《にほん》をとても気《き》に入《い》りました。しかし、今《いま》から五十年前《ねんまえ》、日本《にほん》のペットが置《お》かれていた状況《じょうきょう》はまだまだ悲惨《ひさん》でした。

そのころは、まだのら犬《いぬ》が、町《まち》をうろうろしていました。人《ひと》が万《まん》が一《いち》かまれて狂犬病《きょうけんびょう》にかかるような事態《じたい》をさけるため、保健所《ほけんじょ》の職員《しょくいん》がのら犬《いぬ》をつかまえて回《まわ》ります。今《いま》ではありえませんが、針金《はりがね》の輪《わ》を首《くび》にひっかけて引《ひ》きずったり、時《とき》にはその場《ば》で殺《ころ》したりすることもありました。猛毒《もうどく》を食《た》べさせて処分《しょぶん》することもありました。

ネコたちも、かわいそうな目《め》にあいました。家《いえ》で飼《か》いネコが子《こ》ネコを何匹《なんびき》も産《う》むと、子《こ》ネコたちを川《かわ》に流《なが》してしまう人《ひと》もいました。

動物《どうぶつ》たちの命《いのち》を大切《たいせつ》にしよう、という考《かんが》えは、残念《ざんねん》ながらそのころの日本《にほん》には、まだあまりなかったのです。

イギリスで動物虐待防止法《どうぶつぎゃくたいぼうしほう》（マーチン法《ほう》）ができたのは、一八二二年《ねん》です。日本《にほん》で動物愛護管理法《どうぶつあいごかんりほう》ができたのは、一九七三年《ねん》です。実《じつ》に百五十年《ねん》という差《さ》があります。

「日本《にほん》の動物保護《どうぶつほご》は、あまりにも遅《おく》れている！」

そう思《おも》ったオリバーさんは、一人《ひとり》で犬《いぬ》やネコを保護《ほご》してまわり、やがて、大阪府豊能郡能勢町《おおさかふとよのぐんのせちょう》の山《やま》の中《なか》に土地《とち》を借《か》り、動物保護団体《どうぶつほごだんたい》アークを設立《せつりつ》しました。

現在《げんざい》アークは、認定《にんてい》NPO《エヌピーオー》法人《ほうじん》（しっかり活動《かつどう》していることが認《みと》められた民間非営利団体《みんかんひえいりだんたい》）として、関西《かんさい》のほか、東京《とうきょう》にも事務所《じむしょ》を置《お》いて、動物保護《どうぶつほご》の活動《かつどう》を続《つづ》けています。

約《やく》三十人《にん》のスタッフのほかに、大勢《おおぜい》のボランティアの人《ひと》が協力《きょうりょく》しています。

捨《す》てられたり、虐待《ぎゃくたい》されたり、もう飼《か》いきれなくなったり……、動物《どうぶつ》たちが保護《ほご》される理由《りゆう》は、この本《ほん》にあるように様々《さまざま》です。

アークにやってきた動物《どうぶつ》たちは、一匹《ぴき》一匹《ぴき》名前《なまえ》をつけてもらいます。

犬《いぬ》やネコが暮《く》らす小屋《こや》は、いわゆる「犬小屋《いぬごや》」とはちがい、中《なか》に人間《にんげん》が二、三人立《にんた》って入《はい》れるくらい広々《ひろびろ》としています。動物《どうぶつ》たちを、なるべく広《ひろ》いところで飼《か》う、ということは、動物保護活《どうぶつほごかつ》動《どう》をするとき、とても大事《だいじ》なポイントです。

スタッフは、動物《どうぶつ》たちをていねいに世話《せわ》し、病気《びょうき》やケガがあれば獣医《じゅうい》の治療《ちりょう》を受《う》けさせ、人《ひと》を恐《おそ》れる場合《ばあい》は、愛情《あいじょう》を持《も》って接《せっ》して人《ひと》に慣《な》れさせます。人《ひと》にひどいことをされたペットたちは、どうしても心《こころ》に傷《きず》を負《お》っているからです。

犬《いぬ》やネコの新《あたら》しい家族《かぞく》になりたいという人《ひと》には、きびしい審査《しんさ》があります。まず、その人《ひと》の家《いえ》の様子《ようす》や、家族構成《かぞくこうせい》が、ペットを飼《か》うのにふさわしいかどうかを調《しら》べます。お年寄《としよ》りの場合《ばあい》は、年齢的《ねんれいてき》に最後《さいご》までペットの面倒《めんどう》が見《み》られるのか、じゅうぶん確《たし》かめます。

こうしてアークから新《あたら》しい家庭《かてい》へゆずりわたされた犬《いぬ》やネコの数《かず》は、これまで五千匹以上《びきいじょう》にのぼるといいますから、大変《たいへん》な数《かず》ですね。

二〇一二年《ねん》、エリザベス・オリバーさんは、これまでの長年《ながねん》の活動《かつどう》が認《みと》められ、イギリスのエリザベス女王《じょおう》から、勲章《くんしょう》を授《さず》けられました。

現在《げんざい》アークは、兵庫県篠山市《ひょうごけんささやまし》に、大規模《だいきぼ》な動物福祉《どうぶつふくし》センターを建設中《けんせつちゅう》です。広《ひろ》いドッグラン

や、床暖房《ゆかだんぼう》の入《はい》った犬舎《けんしゃ》、ネコ舎《しゃ》などが、少《すこ》しずつ作《つく》られています。（二〇一六年《ねん》十月現在《がつげんざい》）

こうしたアークの活動《かつどう》は、すべて善意《ぜんい》ある人《ひと》たちや、会社《かいしゃ》からの寄付《きふ》によって支《ささ》えられています。

写真家《しゃしんか》・原田京子《はらだきょうこ》さんについて

この本《ほん》の写真《しゃしん》を撮影《さつえい》した原田京子《はらだきょうこ》さんは、広告《こうこく》の写真撮影《しゃしんさつえい》などの本業《ほんぎょう》のかたわら、アークの動物《どうぶつ》たちの写真《しゃしん》を撮《と》ることをライフワークにしてきました。

原田《はらだ》さんは、幼《おさな》いころから犬《いぬ》やネコに囲《かこ》まれて育《そだ》ち、何《なに》かある度《たび》に、ペットたちにいやされてきました。犬《いぬ》やネコには、自分《じぶん》を包《つつ》みこんでくれるようなやさしさを感《かん》じました。人《ひと》と動物《どうぶつ》と、どちらが上《うえ》でどちらが下《した》というのではなく、まったく対等《たいとう》な関係《かんけい》でいっしょに暮《く》らしていたそうです。

しかし残念《ざんねん》ながら、犬《いぬ》やネコの寿命《じゅみょう》は十数年《すうねん》と短《みじか》いので、彼《かれ》らは、原田《はらだ》さんを置《お》いて、次々《つぎつぎ》と天国《てんごく》に行《い》ってしまいました。

大人《おとな》になって写真家《しゃしんか》となりアークを知《し》ったとき、「お世話《せわ》になった動物《どうぶつ》たちに何《なに》か恩返《おんがえ》しをしたい」と、写真《しゃしん》を通《とお》してボランティアをすることを思《おも》い立《た》ちました。

自分《じぶん》の写真《しゃしん》の技術《ぎじゅつ》をアークの活動《かつどう》のために活《い》かせれば、と考《かんが》えたのです。

撮《と》った写真《しゃしん》を持《も》ってオリバーさんに会《あ》いにいき「動物《どうぶつ》たちの写真《しゃしん》を撮《と》らせてほしい」と頼《たの》みました。もちろん、大歓迎《だいかんげい》されました。

こうして、アークが毎年発行《まいとしはっこう》しているカレンダーなどの写真《しゃしん》を撮《と》るようになったのです。

原田《はらだ》さんが撮影《さつえい》したアークの動物《どうぶつ》の写真展《しゃしんてん》は、これまで何度《なんど》も開《ひら》かれ、各地《かくち》を回《まわ》っています。

この本《ほん》ができたきっかけ

わたし、高橋《たかはし》うららは、児童文学作家《じどうぶんがくさっか》として、ずっと「命《いのち》の大切《たいせつ》さ」をテーマに物語《ものがたり》やノンフィクションを書《か》いてきました。そして取材《しゅざい》を続《つづ》けるうち、アークと、原田京子《はらだきょうこ》さんに出会《であ》いました。わたしがこれまでに集英社《しゅうえいしゃ》みらい文庫《ぶんこ》から出《だ》させていただいた本《ほん》にも、原田《はらだ》さんの写真《しゃしん》をたくさん使《つか》わせていただいています。

東日本大震災《ひがしにほんだいしんさい》のとき原発事故《げんぱつじこ》の被災地《ひさいち》でアークに保護《ほご》された、アンジーという犬《いぬ》を描《えが》いた『おかえり！　アンジー』のカバーの写真《しゃしん》は、原田《はらだ》さんといっしょに福島《ふくしま》まで行《い》って撮影《さつえい》しました。

集英社《しゅうえいしゃ》みらい文庫《ぶんこ》の『犬《いぬ》たちからのプレゼント』シリーズと『猫《ねこ》たちからのプレゼント』シリーズに登場《とうじょう》する動物保護団体《どうぶつほごだんたい》のモデルになったのもアークで、本文内《ほんぶんない》の写真《しゃしん》には、原田《はらだ》さんがアークで撮《と》った写真《しゃしん》を使《つか》わせていただきました。

こうしていっしょに仕事《しごと》をするうち、「いつか写真《しゃしん》と文《ぶん》で協力《きょうりょく》しあって、アークを舞台《ぶたい》にした本《ほん》が出《だ》せたらいいね」と五年以上《ねんいじょう》も企画《きかく》を温《あたた》め、構成《こうせい》を考《かんが》えてきたのがこの本《ほん》です。

原田《はらだ》さんがアークで撮《と》った膨大《ぼうだい》な数《かず》の写真《しゃしん》を、どのようにまとめるかは、大変《たいへん》むずかしい作業《さぎょう》でした。しかし、犬《いぬ》やネコたちの写真《しゃしん》をながめていると、ほっとやさしい気持《きも》ちになれるのは、やはり原田《はらだ》さんの写真《しゃしん》が持《も》っている力《ちから》だな、と感《かん》じました。

みなさんが、この本《ほん》を読《よ》んで、少《すこ》しでもペットたちに対《たい》してやさしい気持《きも》ちを持《も》ち、動物《どうぶつ》たちの命《いのち》の重《おも》みを感《かん》じてくれたら、とてもうれしいです。

本《ほん》の出版《しゅっぱん》に際《さい》しては、アークの方々《かたがた》や里親《さとおや》さんたち、そして元《もと》アークスタッフの平田明日香《ひらたあすか》さんに、大変《たいへん》お世話《せわ》になりました。心《こころ》よりお礼申《れいもう》し上《あ》げます。

取材協力

・認定 NPO 法人アニマルレフュージ関西（アーク）
http://www.arkbark.net/

・平田明日香

集英社みらい文庫

まもりたい、この小《ちい》さな命《いのち》

動物保護団体《どうぶつほごだんたい》アークの物語《ものがたり》

原田京子《はらだきょうこ》 写真　高橋《たかはし》うらら 文

ファンレターのあて先
〒101-8050　東京都千代田区一ツ橋2-5-10　集英社みらい文庫編集部
いただいたお便りは編集部から先生におわたしいたします。

2016年10月31日　第1刷発行

発行者　北畠輝幸
発行所　株式会社 集英社
〒101-8050　東京都千代田区一ツ橋2-5-10
電話　編集部 03-3230-6246
読者係 03-3230-6080
販売部 03-3230-6393（書店専用）
http://miraibunko.jp
装丁　松尾美恵子（株式会社鷗来堂）　中島由佳理
編集協力　株式会社鷗来堂
印刷　凸版印刷株式会社
製本　凸版印刷株式会社

ISBN978-4-08-321344-1　C8295　N.D.C.913　172P　18cm

みらい文庫《ぶんこ》の感動《かんどう》！

動物《どうぶつ》ノンフィクション!!

おかえり！ アンジー

東日本大震災《ひがしにほんだいしんさい》を生《い》きぬいた犬《いぬ》の物語《ものがたり》

高橋《たかはし》うらら・著　原田京子《はらだきょうこ》・カバー写真

2011年《ねん》3月《がつ》11日《にち》、日本列島《にほんれっとう》をおそった東日本大震災《ひがしにほんだいしんさい》と大津波《おおつなみ》。さらに福島第一原発《ふくしまだいいちげんぱつ》が爆発《ばくはつ》！　近《ちか》くの住民《じゅうみん》は急《いそ》いで避難《ひなん》をしなければならず、多《おお》くのペットが自宅《じたく》にとり残《のこ》されました。犬《いぬ》のアンジーも、大好《だいす》きな飼《か》い主《ぬし》の一家《いっか》とはなればなれになってしまい……。

集英社みらい文庫

動物好《どうぶつず》きならぜったいチェック!!

大人気《だいにんき》！「プレゼント」シリーズ

高橋《たかはし》うらら・文　柚希《ゆずき》きひろ・絵

犬《いぬ》たちからのプレゼント

原田京子《はらだきょうこ》・本文写真

ショコラがくれた〝はじめの一歩《いっぽ》〟

動物《どうぶつ》ぎゃくたい大反対《だいはんたい》！

天国《てんごく》のペットを思《おも》い出《だ》す日《ひ》

猫《ねこ》たちからのプレゼント

原田京子《はらだきょうこ》・本文写真

ケガしたミィミィが教《おし》えてくれたこと

捨《す》てネコたちを助《たす》けたい！

かわいい動物《どうぶつ》たちと小学生《しょうがくせい》の交流《こうりゅう》を描《えが》く、心《こころ》がじ〜んとする物語《ものがたり》!!

動物《どうぶつ》たちからのプレゼント

命《いのち》をありがとう！動物園《どうぶつえん》ものがたり

さよなら、ハムハム！

「みらい文庫《ぶんこ》」読者《どくしゃ》のみなさんへ

言葉《ことば》を学《まな》ぶ、感性《かんせい》を磨《みが》く、創造力《そうぞうりょく》を育《はぐく》む……、読書《どくしょ》は「人間力《にんげんりょく》」を高《たか》めるために欠《か》かせません。
たった一枚《いちまい》のページをめくる向《む》こう側《がわ》に、未知《みち》の世界《せかい》、ドキドキのみらいが無限《むげん》に広《ひろ》がっている。
これこそが「本《ほん》」だけが持《も》っているパワーです。

学校《がっこう》の朝《あさ》の読書《どくしょ》に、休《やす》み時間《じかん》に、放課後《ほうかご》に……。いつでも、どこでも、すぐに続《つづ》きを読《よ》みたくなるような、魅力《みりょく》に溢《あふ》れる本《ほん》をたくさん揃《そろ》えていきたい。読書《どくしょ》がくれる、心《こころ》がきらきらしたり胸《むね》がきゅんとする瞬間《しゅんかん》を体験《たいけん》してほしい、楽《たの》しんでほしい。みらいの日本《にほん》、そして世界《せかい》を担《にな》うみなさんが、やがて大人《おとな》になった時《とき》、「読書《どくしょ》の魅力《みりょく》を初《はじ》めて知《し》った本《ほん》」「自分《じぶん》のおこづかいで初《はじ》めて買《か》った一冊《いっさつ》」と思《おも》い出《だ》してくれるような作品《さくひん》を一所懸命《いっしょけんめい》、大切《たいせつ》に創《つく》っていきたい。

そんないっぱいの想《おも》いを込《こ》めながら、作家《さっか》の先生方《せんせいがた》と一緒《いっしょ》に、私《わたし》たちは素敵《すてき》な本作《ほんづく》りを続《つづ》けていきます。「みらい文庫《ぶんこ》」は、無限《むげん》の宇宙《うちゅう》に浮《う》かぶ星《ほし》のように、夢《ゆめ》をたたえ輝《かがや》きながら、次々《つぎつぎ》と新《あたら》しく生《う》まれ続《つづ》けます。

本《ほん》を持《も》つ、その手《て》の中《なか》に、ドキドキするみらい――。
本《ほん》の宇宙《うちゅう》から、自分《じぶん》だけの健《すこ》やかな空想力《くうそうりょく》を育《そだ》て、〝みらいの星《ほし》〟をたくさん見《み》つけてください。
そして、大切《たいせつ》なこと、大切《たいせつ》な人《ひと》をきちんと守《まも》る、強《つよ》くて、やさしい大人《おとな》になってくれることを心《こころ》から願《ねが》っています。

2011年　春

集英社みらい文庫編集部